U0325668

黄秋葵

种质资源图册

HUANGQIUKUI ZHONGZHI ZIYUAN TUCE

洪建基 余文权 赖正锋 ◎ 主编

中国农业出版社

图书在版编目（CIP）数据

黄秋葵种质资源图册/洪建基，余文权，赖
正锋主编．—北京：中国农业出版社，2018.1
ISBN 978-7-109-23484-0

Ⅰ.①黄…　Ⅱ.①洪…②余…③赖…　Ⅲ.①黄秋葵
—种质资源—图集　Ⅳ.①S649.24-64

中国版本图书馆 CIP 数据核字（2017）第 266421 号

中国农业出版社出版
（北京市朝阳区麦子店街 18 号楼）
（邮政编码 100125）
责任编辑　孙鸣凤

中国农业出版社印刷厂印刷　　新华书店北京发行所发行
2018 年 1 月第 1 版　　2018 年 1 月北京第 1 次印刷

开本：787mm×1092mm 1/16　印张：7.25
字数：110 千字
定价：100.00 元
（凡本版图书出现印刷、装订错误，请向出版社发行部调换）

编著人员名单

主　　编　　洪建基　余文权　赖正锋

副 主 编　　郑开斌

编　　者　　洪建基　余文权　赖正锋　郑开斌

　　　　　　练冬梅　姚运法　林碧珍　张少平

　　　　　　李和平　吴松海　周红玲　曾日秋

资 助 项 目

农业部种子管理局项目"物种品种资源保护费"（111721301354052062）；福建省科技厅公益类项目"黄秋葵主要功能成分分析及其功效研究"（2016R1012-1）；福建省科技厅公益类项目"福建省黄秋葵根结线虫病的发生与防治研究"（2017-R1024-2）；福建省科技厅公益类项目"原生蔬菜种质资源收集、鉴定与安全评价"（2018R1101025-2）；福建省农业科学院项目"福建省重点农业县农作物种质资源的调查收集及其评价与应用"（A2017-8）

前言

　　黄秋葵是锦葵科（Malvaceae）秋葵属（*Abelmoschus*）一年生草本植物。其英文名为 Okra，学名为 *Abelmoschus esculentus* L.，别名秋葵、黄葵、补肾草、咖啡黄葵、羊角菜、羊角豆（广东）、越南芝麻（湖南）、洋辣椒（福建）等。

　　黄秋葵在世界各地均有栽培，但以热带和亚热带最为普遍。目前非洲、加勒比海岛国、欧洲及东南亚各国都将黄秋葵作为重要蔬菜而大面积栽培。亚洲的印度、菲律宾和斯里兰卡，美国，非洲的科特迪瓦和尼日利亚，南美的巴西是黄秋葵的主要种植地区。其中印度的种质资源较为丰富，在秋葵属的 15 个种中，印度就有 8 个种分布于各个邦。日本等国已率先进行保护地生产，并培育出一批新优品种。目前，中国南北各地均有黄秋葵的分布与栽培，种植较多的有北京、广东、上海、山东、江苏、浙江、海南、云南、湖北、湖南、安徽、福建、江西和台湾等省（直辖市），其中台湾省种植最多。

　　黄秋葵种质资源是黄秋葵新品种选育、生物技术研究和农业生产的重要物质基础。很多国家都十分重视黄秋葵种质资源的收集、保存和研究工作。据联合国粮食及农业组织（Food and Agriculture Organization of the United Nations，FAO，简称粮农组织）统计，黄秋葵主产国共拥有 2 万份以上的种质材料。其中，印度国家植物种质资源保存有 3 434 份种质。非洲科特迪瓦的萨瓦纳研究所（IDESSA）收集保存 4 185 份种质。目前，美国在格列芬（Griffin）保存有 2 969 份种质。其他主产国，如法国拥有 965 份、亚洲的菲律宾有 968 份、土耳其有 563 份、加纳 595 份。其他国家合计拥有 9 532 份。

　　我国从 20 世纪 80 年代开始从国外引进黄秋葵种质，经试种和扩繁后在国家种质资源库中进行中长期保存。福建省农业科学院亚热带农业研究所已从世界各地收集黄秋葵种质资源 318 份，经过多年的研究，对其农艺性状进行了初步鉴定，还对部分种质抗病性和品质进行了鉴定和评价，筛选出了一批丰产、优质和抗病的优良种质。

　　本书介绍了 100 份来自世界各地黄秋葵种质资源的形态学特征、生物学特性、品质特性、割茎再生性和抗逆性，每份资源还配以全株、茎、叶、花、果实、种子等图片，图文并茂，对黄秋葵种质资源鉴别与品种选育具有指导意义。

　　《黄秋葵种质资源图册》是一部学术性和实用性较强的黄秋葵种质资源工具书，希望本书的出版可以为黄秋葵育种家、研究者以及生产者等提供参考。由于著者水平和研究程度等的限制，书中难免存在不妥之处，恳请读者指正。

CONTENTS

目录

第一章 黄秋葵种质资源主要性状 描述符及其数据标准

1. 种质名称 国内种质的原始名称和国外引进种质的中文译名。引进种质可直接填写种质的外文名称,有些种质可能只有数字编号,则该编号为种质名称。

2. 原产地或来源地 国内种质原产(来源)省、市(县)名称;引进种质原产(来源)国家、地区名称或国际组织名称。

3. 种质类型 分为野生资源、地方品种、选育品种、引进品种、品系、遗传材料、其他7种类型。

4. 出苗日数 播种期至出苗期的日数。单位为 d。

5. 现蕾日数 出苗期至现蕾期的日数。单位为 d。

6. 始收日数 出苗期至始收期的日数。单位为 d。

7. 全生育期 出苗期至种子成熟期的日数。单位为 d。

8. 株高 末收期,度量20株植株从茎秆基部到主茎生长点的距离,取平均值。单位为 cm。

9. 株型 现蕾期,以试验小区全部植株为观测对象,目测植株的形态,有直立、半直立、匍匐等形态。

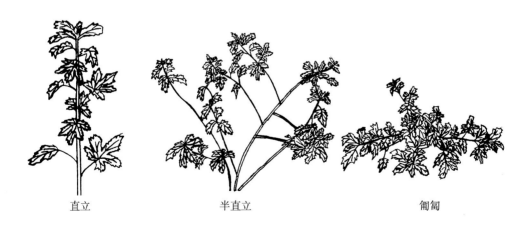

直立   半直立   匍匐

10. 分枝 末收期,以试验小区全部植株为观测对象,目测植株分枝的有无,分为无、少、多3种情况。

11. 腋芽 开花期,以试验小区全部植株为观测对象,目测植株茎节上腋芽的有无。

12. 中期茎色 出苗后60~80d,以试验小区全部植株为观测对象,在正常一致的光照条件下，目测植株中部茎表颜色，有浅绿、黄绿、绿、微红、淡红、红、紫等颜色。

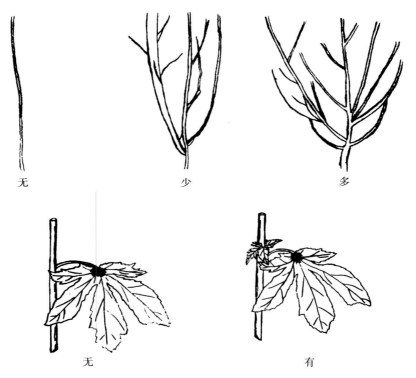

    无   少   多

    无   有

    13. 茎粗 末收期，以度量株高样本为对象，用游标卡尺（精度为 1/1 000）测量植株茎秆基部以上全株高度 1/3 处的茎秆直径，取平均值。单位为 cm，精确到 0.01cm。

    14. 节间长度 末收期，以度量株高样本为对象，测量植株生长点以下全株高度 1/3 处 10 节的茎秆长度，取平均值。单位为 cm。

    15. 叶形 现蕾期，以试验小区全部植株为观测对象，目测中部正常完整叶片的形状，有掌状全裂、深裂、浅裂和全叶 4 种类型。

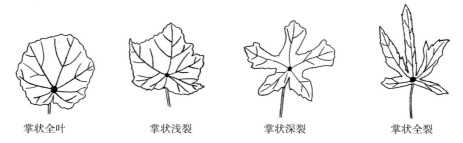

  掌状全叶   掌状浅裂   掌状深裂   掌状全裂

    16. 叶色 现蕾期，以试验小区全部植株为观测对象，在正常一致的光照条件下，目测植株中部正常叶片的正面颜色，有浅绿、黄绿、绿、深绿、红等颜色。

    17. 叶柄色 开花期，以试验小区全部植株为观测对象，在正常一致的光照条件下，目测植株中部叶柄表面的颜色，有浅绿、绿、深绿、淡红、红、紫等颜色。

18. **花色**　开花期，以试验小区全部植株为观测对象，在正常一致的光照条件下，目测完全开放花的花冠颜色，有乳白、淡黄、黄、淡红、红等颜色。

19. **花瓣数**　完全开放花的花瓣数量。单位为瓣。

20. **始果节**　始果期，植株主茎上出现第一蒴果的节位。单位为节。

21. **蒴果颜色**　结果期，以试验小区全部植株为观测对象，目测蒴果表面的颜色，有浅绿、黄绿、绿、深绿、粉、红、粉紫、紫红等颜色。

22. **蒴果类型**　结果期，以试验小区全部植株为观测对象，目测蒴果的类型，有圆果、有棱圆果、棱果 3 种类型。

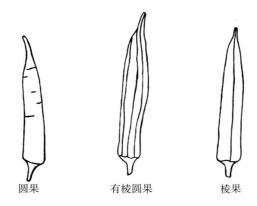

圆果　　　　　有棱圆果　　　　　棱果

23. **果实弯曲度**　结果期，种质果实的弯曲情况，有直、微弯、弯、末端弯、S 形弯等情况。

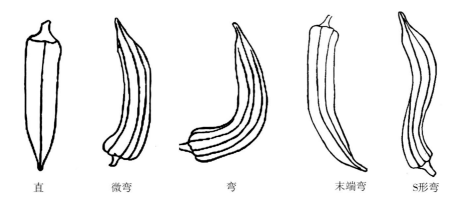

直　　　　微弯　　　　　弯　　　　　末端弯　　　S形弯

24. **果实表面**　结果期，手触蒴果表面的毛刺，分绒毛、刚毛、刺瘤 3 种类型。

25. **果实棱数**　结果期，蒴果的棱数。单位为棱。

26. **蒴果长度**　结果期，度量 20 个蒴果果实基部至果顶的长度，取平均值。单位为 cm。

27. **果柄长度**　结果期，度量 20 个蒴果果柄的长度，取平均值。单位为 cm。

28. **果实横径**　结果期，以度量蒴果长度样本为对象，用游标卡尺（精度为 1/1 000）

测量果实基部以上全果长度 1/3 处的果实直径，取平均值。单位为 cm，精确到 0.01cm。

29. 单株果数　采收期，单株的蒴果数。单位为个。

30. 单果重　采收期，度量 20 个商品果的重量，取平均值。单位为 g。

31. 单株产量　采收期，度量 20 株全部商品果的重量，取平均值。单位为 kg。

32. 种子形状　成熟种子的形状，有近圆形、扁圆形、肾形、亚肾形 4 种形状。

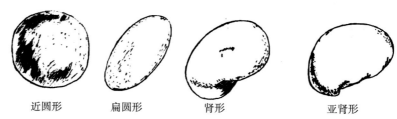

近圆形　　　　扁圆形　　　　肾形　　　　　　亚肾形

33. 种皮颜色　成熟种子的表皮颜色，有黄褐、棕褐、灰褐、青褐、褐、黑褐等颜色。

34. 种皮绒毛　成熟种子表面绒毛的有无。

35. 种子千粒重　1 000 粒成熟种子（含水量在 8% 左右）的重量。单位为 g。

36. 多糖含量　商品果果肉中多糖含量。以 % 表示。

37. 割茎再生性　植株中后期割茎后再生能力的强弱。采用田间自然再生鉴定，将再生力等级分为强（DR≥70.0）、中（30.0≤DR<70.0）、弱（DR<30.0）3 个等级。

38. 根结线虫病抗性　植株对根结线虫的抗性强弱。采用田间自然发病鉴定。根据病害率，抗性等级分为抗病（DR<30.0）、中抗（30.0≤DR<70.0）、感病（DR≥70.0）3 个等级。

第二章　黄秋葵种质资源

原产地或来源地　中国农业科学院蔬菜花卉研究所

种质类型　引进品种

特征特性　该种质资源出苗日数4d，现蕾日数23d，始收日数41d，全生育期145d。株高162cm，植株直立，分枝少，无腋芽，茎黄绿色，茎粗3.06cm，节间长4.58cm。叶掌状深裂，绿色，齿状，叶柄淡红色。花黄色，5瓣。始果节位5节，果黄绿色，末端弯，8棱，果实表面少量刚毛，果长17.5cm，果柄长3.5cm，果径2.11cm，单株果数43个，单果鲜重32.1g，单株产量1 380.3g。种子近圆形、灰褐色，种子千粒重69.6g。嫩果干样中含多糖1.64%。割茎再生能力强，对根结线虫抗性弱。

◎种质名称‖12B₄

原产地或来源地　中国农业科学院蔬菜花卉研究所

种质类型　引进品种

特征特性　该种质资源出苗日数 4d，现蕾日数 23d，始收日数 42d，全生育期 175d。株高 140cm，植株直立，分枝多，有腋芽，茎绿色，茎粗 4.26cm，节间长 4.06cm。叶掌状深裂、绿色、齿状，叶柄淡红色。花淡黄色，5 瓣。始果结位 13 节，果浅绿色、6 棱，果实表面少量刚毛和刺瘤，果长 15.0cm，果柄长 4.2cm，果径 1.80cm，单株果数 40 个，单果鲜重 22.3g，单株产量 892.0g。种子近圆形、灰褐色，种子千粒重 58.2g。嫩果干样中含多糖 1.75%。割茎再生能力强，对根结线虫抗性弱。

◎种质名称‖12B₅

原产地或来源地　中国农业科学院蔬菜花卉研究所

种质类型　引进品种

特征特性　该种质资源出苗日数 4d，现蕾日数 23d，始收日数 45d，全生育期 140d。株高 143cm，植株直立，少分枝，无腋芽，茎绿色，茎粗 2.06cm，节间长 11.40cm。叶掌状深裂、绿色、齿状，叶柄淡红色。花淡黄色，5 瓣。始果结位 4 节，果黄绿色、8 棱，果实表面少量刺瘤，果长 14.5cm，果柄长 4.0cm，果径 2.15cm，单株果数 31 个，单果鲜重 20.8g，单株产量 644.8g。种子近圆形、灰褐色，种子千粒重 53.2g。嫩果干样中含多糖 0.96％。割茎再生能力强，对根结线虫抗性弱。

◎种质名称‖12B₆

原产地或来源地 中国农业科学院蔬菜花卉研究所

种质类型 引进品种

特征特性 该种质资源出苗日数4d，现蕾日数23d，始收日数42d，全生育期150d。株高140cm，植株直立，无分枝，无腋芽，茎微红色，茎粗1.55cm，节间长6.60cm。叶掌状全裂、绿色、齿状，叶柄淡红色。花淡黄色，5瓣。始果结位5节，果浅绿色、5棱，果实表面有绒毛，果长19.0cm，果柄长2.6cm，果径1.90cm，单株果数28个，单果鲜重25.3g，单株产量708.4g。种子近圆形、灰褐色，种子千粒重46.0g。嫩果干样中含多糖1.78％。割茎再生能力强，对根结线虫抗性弱。

◎种质名称‖12B₇

原产地或来源地　中国农业科学院蔬菜花卉研究所

种质类型　引进品种

特征特性　该种质资源出苗日数 4d，现蕾日数 23d，始收日数 43d，全生育期 165d 左右。株高 85cm，植株直立，少分枝，有腋芽，茎微红色，茎粗 1.55cm，节间长 6.60cm。叶掌状全裂、绿色、齿状，叶柄淡红色。花淡黄色，5 瓣。始果结位 11 节，果浅绿色、5 棱圆果，果实表面有绒毛，成熟不裂果，果长 14.3cm，果柄长 5.0cm，果径 1.92cm，单株果数 25 个，单果鲜重 21.5g，单株产量 537.5g。种子近圆形、黄褐色，种子千粒重 67.6g。嫩果干样中含多糖 2.30％。割茎再生能力强，对根结线虫抗性弱。

◎**种质名称 ‖ 12B₁₃**

原产地或来源地　中国农业科学院蔬菜花卉研究所

种质类型　引进品种

特征特性　该种质资源出苗日数 4d，现蕾日数 23d，始收日数 42d，全生育期 145d。株高 140cm，植株直立，分枝多，有腋芽，茎浅绿色，茎粗 3.13cm，节间长 4.32cm。叶掌状全裂、绿色、齿状，叶柄淡红色。花淡黄色，5 瓣。始果结位 8 节，果浅绿色、7 棱，果实表面有少量刚毛，果长 10.0cm，果柄长 6.3cm，果径 1.93cm，单株果数 22 个，单果鲜重 16.8g，单株产量 372.4g。种子近圆形、灰褐色，种子千粒重 60.6g。嫩果干样中含多糖 1.71%。割茎再生能力强，对根结线虫抗性中等。

◎种质名称Ⅱ12B₁₅

原产地或来源地 中国农业科学院蔬菜花卉研究所

种质类型 引进品种

特征特性 该种质资源出苗日数4d，现蕾日数23d，始收日数43d，全生育期145d。株高190cm，植株直立，少分枝，无腋芽，茎红色，茎粗3.13cm，节间长7.36cm。叶掌状深裂、红色、齿状，叶柄红色。花淡红色，5瓣。始果结位6节，果粉色、6棱，果实表面有绒毛，果长18.5cm，果柄长2.5cm，果径1.79cm，单株果数24个，单果鲜重25.8g，单株产量622.9g。种子近圆形、黄褐色，种子千粒重63.8g。嫩果干样中含多糖3.21%。割茎再生能力中等，对根结线虫抗性弱。

◎种质名称 ‖ 12B₁₆

原产地或来源地　中国农业科学院蔬菜花卉研究所

种质类型　引进品种

特征特性　该种质资源出苗日数 4d，现蕾日数 23d，始收日数 47d，全生育期 170d。株高131cm，植株直立，少分枝，有腋芽，茎绿色，茎粗 2.27cm，节间长 5.60cm。叶掌状深裂、绿色、齿状，叶柄淡红色。花淡黄色，5 瓣。始果结位 7 节，果浅绿色、7 棱，果实表面有大量刚毛，果长 19.0cm，果柄长 5.5cm，果径 2.49cm，单株果数 31 个，单果鲜重 44.7g，单株产量 1 385.7g。种子近圆形、灰褐色，种子千粒重 50.2g。嫩果干样中含多糖 3.25%。割茎再生能力强，对根结线虫抗性弱。

◎种质名称 ‖ 12B₁₉

原产地或来源地　中国农业科学院蔬菜花卉研究所

种质类型　引进品种

特征特性　该种质资源出苗日数 4d，现蕾日数 23d，始收日数 44d，全生育期 148d。株高 115cm，植株直立，分枝多，有腋芽，茎淡红色，茎粗 2.61cm，节间长 7.36cm。叶掌状浅裂、绿色、齿状，叶柄红色。花黄色，8 瓣。始果结位 8 节，果黄绿色、10 棱，果实表面有绒毛，果长 8.5cm，果柄长 3.0cm，果径 2.09cm，单株果数 32 个，单果鲜重 16.1g，单株产量 515.2g。种子近圆形、黄褐色，种子千粒重 60.2g。嫩果干样中含多糖 3.22%。割茎再生能力中等，对根结线虫抗性弱。

◎种质名称‖12B$_{20}$

原产地或来源地 中国农业科学院蔬菜花卉研究所

种质类型 引进品种

特征特性 该种质资源出苗日数4d，现蕾日数23d，始收日数53d，全生育期155d。株高170cm，植株直立，分枝少，有腋芽，茎浅绿色，茎粗3.57cm，节间长5.08cm。叶掌状浅裂、绿色、齿状，叶柄淡红色。花淡黄色，5瓣。始果结位9节，果黄绿色、9棱，果实表面少量刚毛和刺瘤，果长11.0cm，果柄长3.0cm，果径2.23cm，单株果数22个，单果鲜重20.1g，单株产量433.3g。种子近圆形、灰褐色，种子千粒重60.4g。嫩果干样中含多糖3.34%。割茎再生能力强，对根结线虫抗性弱。

◎种质名称‖12B₂₁

原产地或来源地　中国农业科学院蔬菜花卉研究所

种质类型　引进品种

特征特性　该种质资源出苗日数 4d，现蕾日数 23d，始收日数 42d，全生育期 200d。株高 138cm，植株直立，无分枝，无腋芽，茎绿色，茎粗 3.25cm，节间长 1.52cm。叶掌状浅裂、绿色、齿状，叶柄淡红色。花黄色，5 瓣。始果结位 5 节，果绿色、5 棱圆果，果实表面绒毛，果长 18.0cm，果柄长 3.5cm，果径 1.74cm，单株果数 34 个，单果鲜重 23.5g，单株产量 799.0g。种子近圆形、黄褐色，种子千粒重 59.4g。嫩果干样中含多糖 1.97%。割茎再生能力强，对根结线虫抗性中等。

◎种质名称‖12B₂₅

原产地或来源地　中国农业科学院蔬菜花卉研究所

种质类型　引进品种

特征特性　该种质资源出苗日数 4d，现蕾日数 23d，始收日数 43d，全生育期 145d。株高 105cm，植株直立，分枝少，无腋芽，茎绿色，茎粗 2.81cm，节间长 2.8cm。叶掌状深裂、绿色、齿状，叶柄淡红色。花黄色，5 瓣。始果结位 4 节，果浅绿色、5 棱，果实表面少量刚毛，果长 15.0cm，果柄长 3.0cm，果径 2.09cm，单株果数 26 个，单果鲜重 24.0g，单株产量 624.0g。种子近圆形、黄褐色，种子千粒重 57.4g。嫩果干样中含多糖 2.64％。割茎再生能力强，对根结线虫抗性弱。

◎种质名称 12J4-2

原产地或来源地　福建省漳州市

种质类型　地方品种

特征特性　该种质资源出苗日数 4d，现蕾日数 23d，始收日数 43d，全生育期 160d。株高 120cm，植株直立，无分枝，无腋芽，茎绿色，茎粗 3.05cm，节间长 3.82cm。叶掌状深裂、绿色、齿状，叶柄绿色。花黄色，5 瓣。始果结位 4 节，果浅绿色、5 棱，果实表面绒毛，果长 9.2cm，果柄长 2.5cm，果径 2.23cm，单株果数 21 个，单果鲜重 18.9g，单株产量 396.9g。种子近圆形、黄褐色，种子千粒重 54.3g。嫩果干样中含多糖 3.35%。割茎再生能力中等，对根结线虫抗性弱。

◎种质名称 1208

原产地或来源地 福建省漳州市

种质类型 地方品种

特征特性 该种质资源出苗日数 4d，现蕾日数 23d，始收日数 47d，全生育期 147d。株高 115cm，植株直立，分枝多，无腋芽，茎绿色，茎粗 2.82cm，节间长 3.76cm。叶掌状深裂、绿色、齿状，叶柄淡红色。花黄色，5 瓣。始果结位 6 节，果浅绿色、5 棱，果实表面绒毛，果长 14.0cm，果柄长 2.0cm，果径 1.75cm，单株果数 21 个，单果鲜重 15.1g，单株产量 312.1g。种子近圆形、棕褐色，种子千粒重 60.6g。嫩果干样中含多糖 2.04%。割茎再生能力强，对根结线虫抗性弱。

◎种质名称 1210

原产地或来源地　福建省漳州市

种质类型　地方品种

特征特性　该种质资源出苗日数 4d，现蕾日数 23d，始收日数 42d，全生育期 162d。株高 140cm，植株直立，分枝少，无腋芽，茎绿色，茎粗 3.65cm，节间长 2.54cm。叶掌状深裂、绿色、齿状，叶柄淡红色。花淡黄色，5 瓣。始果结位 6 节，果绿色、5 棱，果实表面绒毛，果长 11.0cm，果柄长 4.0cm，果径 1.88cm，单株果数 51 个，单果鲜重 14.3g，单株产量 729.3g。种子近圆形、灰褐色，种子千粒重 56.2g。嫩果干样中含多糖 2.12%。割茎再生能力弱，对根结线虫抗性弱。

◎种质名称 12J2-21

原产地或来源地　福建省漳州市

种质类型　地方品种

特征特性　该种质资源出苗日数4d，现蕾日数23d，始收日数40d，全生育期145d。株高115cm，植株直立，无分枝，无腋芽，茎绿色，茎粗2.42cm，节间长4.4cm。叶掌状深裂、绿色、齿状，叶柄淡红色。花黄色，5瓣。始果结位4节，果绿色、5棱，果实表面绒毛，果长14.0cm，果柄长4.5cm，果径2.08cm，单株果数37个，单果鲜重22.8g，单株产量843.6g。种子近圆形、灰褐色，种子千粒重48.8g。嫩果干样中含多糖2.13%。割茎再生能力强，对根结线虫抗性弱。

◎种质名称 1204-02

原产地或来源地　福建省漳州市

种质类型　地方品种

特征特性　该种质资源出苗日数 4d，现蕾日数 53d，始收日数 70d，全生育期 149d。株高 110cm，植株直立，分枝多，有腋芽，茎绿色，茎粗 2.52cm，节间长 4.8cm。叶掌状深裂、绿色、齿状，叶柄淡红色。花淡黄色，5 瓣。始果结位 18 节，果绿色、8 棱，果实表面少量刚毛和刺瘤，果长 13.0cm，果柄长 4.0cm，果径 2.12cm，单株果数 33 个，单果鲜重 19.8g，单株产量 653.4g。种子近圆形、灰褐色，种子千粒重 61.5g。嫩果干样中含多糖 2.28%。割茎再生能力强，对根结线虫抗性弱。

◎种质名称 12C2

原产地或来源地　福建省漳州市

种质类型　地方品种

特征特性　该种质资源出苗日数 4d，现蕾日数 23d，始收日数 47d，全生育期 176d。株高 145cm，植株直立，无分枝，有腋芽，茎绿色，茎粗 4.43cm，节间长 3.04cm。叶掌状浅裂、绿色、齿状，叶柄淡红色。花黄色，5 瓣。始果结位 13 节，果深绿色、5 棱，果实表面绒毛，果长 11.7cm，果柄长 4.0cm，果径 1.84cm，单株果数 46 个，单果鲜重 16.1g，单株产量 740.6g。种子近圆形、青褐色，种子千粒重 62.2g。嫩果干样中含多糖 3.00%。割茎再生能力强，对根结线虫抗性弱。

◎种质名称 1210-02

原产地或来源地　福建省漳州市

种质类型　地方品种

特征特性　该种质资源出苗日数 4d，现蕾日数 23d，始收日数 43d，全生育期 172d。株高112cm，植株直立，分枝少，无腋芽，茎绿色，茎粗 2.51cm，节间长 3.3cm。叶掌状深裂、绿色、齿状，叶柄淡红色。花黄色，5 瓣。始果结位 5 节，果深绿色，5 棱，果实表面绒毛，果长 16.0cm，果柄长 3.7m，果径 2.15cm，单株果数 26 个，单果鲜重 26.3g，单株产量 683.8g。种子近圆形、青褐色，种子千粒重 61.4g。嫩果干样中含多糖 2.70%。割茎再生能力强，对根结线虫抗性弱。

◎种质名称 12C6

原产地或来源地 福建省漳州市

种质类型 地方品种

特征特性 该种质资源出苗日数 4d，现蕾日数 23d，始收日数 44d，全生育期 139d。株高 93cm，植株直立，分枝少，无腋芽，茎绿色，茎粗 3.14cm，节间长 3.06cm。叶掌状浅裂、绿色、齿状，叶柄淡红色。花黄色，5 瓣。始果节位 5 节，果深绿色，5 棱，果实表面少量刚毛和刺瘤，果长 10.3cm，果柄长 1.8m，果径 1.76cm，单株果数 33 个，单果鲜重 11.5g，单株产量 373.8g。种子近圆形、灰褐色，种子千粒重 54.0g。嫩果干样中含多糖 2.90%。割茎再生能力强，对根结线虫抗性弱。

◎种质名称 1208-3

原产地或来源地 福建省漳州市

种质类型 地方品种

特征特性 该种质资源出苗日数4d，现蕾日数23d，始收日数58d，全生育期181d。株高125cm，植株直立，分枝多，有腋芽，茎浅绿色，茎粗2.80cm，节间长3.8cm。叶掌状深裂、绿色、齿状，叶柄红色。花黄色，5瓣。始果节位8节，果浅绿色，5棱，果实表面少量刺瘤，果长11.0cm，果柄长4.5cm，果径1.64cm，单株果数30个，单果鲜重12.0g，单株产量354.0g。种子近圆形、黄褐色，种子千粒重59.0g。嫩果干样中含多糖2.57%。割茎再生能力强，对根结线虫抗性弱。

◎**种质名称 1308**

原产地或来源地　福建省漳州市

种质类型　地方品种

特征特性　该种质资源出苗日数 4d，现蕾日数 23d，始收日数 42d，全生育期 183d。株高 140cm，植株直立，分枝少，无腋芽，茎紫色，茎粗 3.63cm，节间长 2.94cm。叶掌状深裂、深绿色、齿状，叶柄紫色。花黄色，5 瓣。始果节位 6 节，果深绿色，5 棱，果实表面少量刚毛，果长 9.2cm，果柄长 3.0cm，果径 1.84cm，单株果数 32 个，单果鲜重 12.3g，单株产量 398.5g。种子近圆形、黄褐色，种子千粒重 56.6g。嫩果干样中含多糖 2.85％。割茎再生能力弱，对根结线虫抗性弱。

◎种质名称 12J1-2

原产地或来源地　福建省漳州市

种质类型　地方品种

特征特性　该种质资源出苗日数 4d，现蕾日数 23d，始收日数 41d，全生育期 167d。株高 120cm，植株直立，分枝少，无腋芽，茎绿色，茎粗 3.69cm，节间长 1.52cm。叶掌状全裂、绿色、齿状，叶柄绿色。花黄色，5 瓣。始果节位 4 节，果绿色，5 棱，果实表面少量刚毛和刺瘤，果长 14.5cm，果柄长 3.0cm，果径 1.98cm，单株果数 38 个，单果鲜重 23.3g，单株产量 885.4g。种子近圆形、灰褐色，种子千粒重 59.8g。嫩果干样中含多糖 2.85%。割茎再生能力强，对根结线虫抗性弱。

◎种质名称 13H

原产地或来源地　福建省漳州市

种质类型　地方品种

特征特性　该种质资源出苗日数 4d，现蕾日数 23d，始收日数 46d，全生育期 191d。株高 135cm，植株直立，分枝多，有腋芽，茎绿色，茎粗 3.05cm，节间长 3.76cm。叶掌状全裂、绿色、齿状，叶柄淡红色。花黄色，5 瓣。始果节位 4 节，果浅绿色，5 棱，果实表面绒毛，果长 19.2cm，果柄长 5.0cm，果径 2.5cm，单株果数 36 个，单果鲜重 40.7g，单株产量 1 465.2g。种子近圆形、青褐色，种子千粒重 58.0g。嫩果干样中含多糖 1.76%。割茎再生能力强，对根结线虫抗性弱。

◎种质名称 1003

原产地或来源地 福建省漳州市

种质类型 地方品种

特征特性 该种质资源出苗日数 4d，现蕾日数 23d，始收日数 45d，全生育期 183d。株高 120cm，植株直立，无分枝，无腋芽，茎绿色，茎粗 3.11cm，节间长 2.04cm。叶掌状深裂、深绿色、齿状，叶柄淡红色。花黄色，5 瓣。始果节位 4 节，果深绿色，5 棱，果实表面绒毛，果长 10.2cm，果柄长 3.5cm，果径 2.27cm，单株果数 36 个，单果鲜重 19.7g，单株产量 701.3g。种子近圆形、青褐色，种子千粒重 51.0g。嫩果干样中含多糖 2.46%。割茎再生能力强，对根结线虫抗性强。

◎种质名称 12C5

原产地或来源地　福建省漳州市

种质类型　地方品种

特征特性　该种质资源出苗日数 4d，现蕾日数 23d，始收日数 43d，全生育期 131d。株高 112cm，植株直立，分枝少，无腋芽，茎绿色，茎粗 2.27cm，节间长 4.82cm。叶掌状深裂、深绿色、齿状，叶柄绿色。花淡黄色，5 瓣。始果节位 5 节，果深绿色，5 棱，果实表面绒毛，果长 14.0cm，果柄长 3.5cm，果径 20.9cm，单株果数 30 个，单果鲜重 23.0g，单株产量 697.7g。种子近圆形、青褐色，种子千粒重 57.0g。嫩果干样中含多糖 2.96％。割茎再生能力强，对根结线虫抗性弱。

◎种质名称 12C1

原产地或来源地　福建省漳州市

种质类型　地方品种

特征特性　该种质资源出苗日数 4d，现蕾日数 23d，始收日数 45d，全生育期 152d。株高 100cm，植株直立，无分枝，无腋芽，茎深绿色，茎粗 2.68cm，节间长 2.3cm。叶掌状深裂、深绿色、齿状，叶柄淡红色。花淡黄色，5 瓣。始果节位 4 节，果深绿色，5 棱，果实表面绒毛，果长 11.0cm，果柄长 2.5cm，果径 1.76cm，单株果数 22 个，单果鲜重 13.2g，单株产量 295.7g。种子近圆形、青褐色，种子千粒重 53.0g。嫩果干样中含多糖 1.63%。割茎再生能力强，对根结线虫抗性弱。

◎种质名称 13HL

原产地或来源地　福建省漳州市

种质类型　地方品种

特征特性　该种质资源出苗日数 4d，现蕾日数 23d，始收日数 47d，全生育期 173d。株高 130cm，植株直立，分枝多，有腋芽，茎浅绿色，茎粗 3.76cm，节间长 2.54cm。叶掌状深裂、绿色、齿状，叶柄淡红色。花淡黄色，5 瓣。始果节位 11 节，果浅绿色，5 棱，果实表面少量刚毛，果长 16.5cm，果柄长 3.5cm，果径 2.05cm，单株果数 36 个，单果鲜重 26.2g，单株产量 930.1g。种子近圆形、青褐色，种子千粒重 58.2g。嫩果干样中含多糖 2.20%。割茎再生能力强，对根结线虫抗性弱。

◎种质名称 12J1-1

原产地或来源地　福建省漳州市

种质类型　地方品种

特征特性　该种质资源出苗日数 4d，现蕾日数 23d，始收日数 44d，全生育期 182d。株高 130cm，植株直立，无分枝，有腋芽，茎绿色，茎粗 3.63cm，节间长 1.94cm。叶掌状浅裂、绿色、齿状，叶柄淡红色。花淡黄色，5 瓣。始果节位 4 节，果深绿色，5 棱，果实表面绒毛，果长 11.0cm，果柄长 9.0cm，果径 1.90cm，单株果数 39 个，单果鲜重 15.7g，单株产量 615.4g。种子近圆形、黄褐色，种子千粒重 53.4g。嫩果干样中含多糖 3.29%。割茎再生能力中等，对根结线虫抗性弱。

◎种质名称 1003-1

原产地或来源地　福建省漳州市

种质类型　地方品种

特征特性　该种质资源出苗日数 4d，现蕾日数 23d，始收日数 48d，全生育期 156d。株高 140cm，植株直立，无分枝，无腋芽，茎紫色，茎粗 3.61cm，节间长 3.56cm。叶掌状浅裂、深绿色、齿状，叶柄紫色。花黄色，5 瓣。始果节位 6 节，果紫色，5 棱，果实表面绒毛，果长 11.2cm，果柄长 3.0cm，果径 2.24cm，单株果数 33 个，单果鲜重 17.8g，单株产量 578.5g。种子近圆形、黄褐色，种子千粒重 56.0g。嫩果干样中含多糖 1.95%。割茎再生能力强，对根结线虫抗性弱。

◎种质名称 1001

原产地或来源地　福建省漳州市

种质类型　地方品种

特征特性　该种质资源出苗日数 4d，现蕾日数 23d，始收日数 45d，全生育期 164d。株高
100cm，植株直立，分枝少，无腋芽，茎黄绿色，茎粗 2.65cm，节间长 3.56cm。叶掌状
深裂、绿色、齿状，叶柄淡红色。花黄色，8 瓣。始果节位 4 节，果黄绿色，8 棱，果实
表面少量刺瘤，果长 15.5cm，果柄长 2.5cm，果径 2.1cm，单株果数 20 个，单果鲜重
24.2g，单株产量 492.1g。种子近圆形、黑褐色，种子千粒重 64.2g。嫩果干样中含多糖
1.99％。割茎再生能力强，对根结线虫抗性弱。

◎种质名称 1003-2

原产地或来源地　福建省漳州市

种质类型　地方品种

特征特性　该种质资源出苗日数 4d，现蕾日数 23d，始收日数 45d，全生育期 194d。株高 118cm，植株直立，无分枝，无腋芽，茎红色，茎粗 5.38cm，节间长 4.32cm。叶掌状浅裂、绿色、齿状，叶柄红色。花黄色，5 瓣。始果节位 9 节，果深绿色，5 棱，果实表面少量刚毛和刺瘤，果长 8.5cm，果柄长 5.5cm，果径 2.4cm，单株果数 63 个，单果鲜重 18.5g，单株产量 1 165.5g。种子近圆形、黄褐色，种子千粒重 56.2g。嫩果干样中含多糖 2.58%。割茎再生能力中等，对根结线虫抗性弱。

◎种质名称 12C3

原产地或来源地 福建省漳州市

种质类型 地方品种

特征特性 该种质资源出苗日数 4d，现蕾日数 23d，始收日数 61d，全生育期 177d。株高 102cm，植株直立，无分枝，无腋芽，茎绿色，茎粗 3.89cm，节间长 4.72cm。叶掌状深裂、绿色、齿状，叶柄淡红色。花黄色，5 瓣。始果节位 10 节，果绿色，5 棱，果实表面绒毛，果长 12.5cm，果柄长 5.0cm，果径 2.43cm，单株果数 22 个，单果鲜重 23.0g，单株产量 498.3g。种子近圆形、灰褐色，种子千粒重 56.4g。嫩果干样中含多糖 3.26%。割茎再生能力中等，对根结线虫抗性弱。

◎种质名称 1003-3

原产地或来源地　福建省漳州市

种质类型　地方品种

特征特性　该种质资源出苗日数 4d，现蕾日数 23d，始收日数 46d，全生育期 167d。株高 125cm，植株直立，无分枝，无腋芽，茎深绿色，茎粗 3.06cm，节间长 2.74cm。叶掌状浅裂、绿色、齿状，叶柄淡红色。花黄色，5 瓣。始果节位 6 节，果深绿色，5 棱，果实表面少量刚毛，果长 13.5cm，果柄长 2.5cm，果径 2.29cm，单株果数 30 个，单果鲜重 26.8g，单株产量 812.9g。种子近圆形、青褐色，种子千粒重 55.4g。嫩果干样中含多糖 1.44%。割茎再生能力强，对根结线虫抗性弱。

◎种质名称 11J4-2

原产地或来源地　日本

种质类型　引进品种

特征特性　该种质资源出苗日数 4d，现蕾日数 23d，始收日数 47d，全生育期 174d。株高 115cm，植株直立，分枝少，无腋芽，茎浅绿色，茎粗 4.14cm，节间长 2.54cm。叶掌状深裂、绿色、齿状，叶柄红色。花淡黄色，5 瓣。始果节位 7 节，果浅绿色，弯曲，5 棱，果实表面绒毛，果长 16.0cm，果柄长 5.5cm，果径 2.23cm，单株果数 22 个，单果鲜重 24.5g，单株产量 539.0g。种子近圆形、棕褐色，种子千粒重 56.4g。嫩果干样中含多糖 1.19%。割茎再生能力强，对根结线虫抗性弱。

◎种质名称 14J5

原产地或来源地　日本

种质类型　引进品种

特征特性　该种质资源出苗日数4d，现蕾日数23d，始收日数46d，全生育期154d。株高115cm，植株直立，分枝少，无腋芽，茎深绿色，茎粗4.31cm，节间长2.04cm。叶掌状深裂、绿色、齿状，叶柄红色。花黄色，5瓣。始果节位5节，果深绿色，5棱，果实表面少量刚毛，果长13.8cm，果柄长2.8cm，果径1.93cm，单株果数36个，单果鲜重20.8g，单株产量757.1g。种子近圆形、黄褐色，种子千粒重55.2g。嫩果干样中含多糖2.14%。割茎再生能力强，对根结线虫抗性中等。

◎种质名称 14T1

原产地或来源地　中国台湾

种质类型　引进品种

特征特性　该种质资源出苗日数 4d，现蕾日数 23d，始收日数 43d，全生育期 170d。株高 118cm，植株直立，分枝少，无腋芽，茎浅绿色，茎粗 4.58cm，节间长 1.78cm。叶掌状深裂、绿色、齿状，叶柄淡红色。花黄色，5 瓣。始果节位 5 节，果浅绿色，6 棱，果实表面绒毛，果长 17.6cm，果柄长 5.0cm，果径 2.44cm，单株果数 27 个，单果鲜重 38.0g，单株产量 1 026.0g。种子近圆形、黄褐色，种子千粒重 50.5g。嫩果干样中含多糖 1.40%。割茎再生能力强，对根结线虫抗性弱。

◎种质名称 14T2

原产地或来源地 中国台湾

种质类型 引进品种

特征特性 该种质资源出苗日数 4d，现蕾日数 23d，始收日数 43d，全生育期 166d。株高 79cm，植株直立，分枝少，无腋芽，茎绿色，茎粗 2.25cm，节间长 3.4cm。叶掌状深裂、绿色、齿状，叶柄绿色。花淡黄色，5 瓣。始果节位 4 节，果深绿色，5 棱，果实表面绒毛，果长 11.3cm，果柄长 4.5cm，果径 2.20cm，单株果数 39 个，单果鲜重 21.2g，单株产量 826.8g。种子近圆形、灰褐色，种子千粒重 49.4g。嫩果干样中含多糖 2.16%。割茎再生能力强，对根结线虫抗性弱。

◎种质名称 14T3

原产地或来源地 中国台湾

种质类型 引进品种

特征特性 该种质资源出苗日数 4d，现蕾日数 23d，始收日数 44d，全生育期 172d。株高 112cm，植株直立，分枝少，无腋芽，茎深绿色，茎粗 2.40cm，节间长 2.04cm。叶掌状深裂、绿色、齿状，叶柄绿色。花黄色，5 瓣。始果节位 4 节，果深绿色，5 棱，果实表面绒毛，果长 13.8cm，果柄长 4.2cm，果径 1.55cm，单株果数 29 个，单果鲜重 15.8g，单株产量 458.2g。种子近圆形、灰褐色，种子千粒重 55.4g。嫩果干样中含多糖 1.63%。割茎再生能力强，对根结线虫抗性弱。

◎种质名称 140T

原产地或来源地　福建省厦门市

种质类型　地方品种

特征特性　该种质资源出苗日数4d，现蕾日数23d，始收日数49d，全生育期196d。株高115cm，植株直立，分枝少，有腋芽，茎绿色，茎粗2.85cm，节间长4.32cm。叶掌状深裂、绿色、齿状，叶柄红色。花黄色，5瓣。始果节位5节，果绿色，5棱，果实表面少量刚毛，果长14.0cm，果柄长3.7cm，果径1.87cm，单株果数56个，单果鲜重19.1g，单株产量1 069.6g。种子近圆形、黄褐色，种子千粒重58.0g。嫩果干样中含多糖1.98%。割茎再生能力强，对根结线虫抗性弱。

◎种质名称 14FS

原产地或来源地 福建省三明市沙县

种质类型 地方品种

特征特性 该种质资源出苗日数 4d，现蕾日数 53d，始收日数 79d，全生育期 193d。株高 114cm，植株直立，无分枝，有腋芽，茎浅绿色，茎粗 4.2cm，节间长 4.36cm。叶掌状深裂、绿色、齿状，叶柄绿色。花淡黄色，5 瓣。始果节位 15 节，果黄绿色，末端弯曲，7 棱，果实表面绒毛，果长 22.5cm，果柄长 4.5cm，果径 2.71cm，单株果数 28 个，单果鲜重 48.8g，单株产量 525.3g。种子近圆形、灰褐色，种子千粒重 55.0g。嫩果干样中含多糖 2.78%。割茎再生能力强，对根结线虫抗性弱。

◎种质名称 12J2-24

原产地或来源地　日本

种质类型　引进品种

特征特性　该种质资源出苗日数 4d，现蕾日数 23d，始收日数 44d，全生育期 190d。株高 156cm，植株直立，无分枝，无腋芽，茎绿色，茎粗 3.57cm，节间长 3.46cm。叶掌状浅裂、绿色、齿状，叶柄淡红色。花黄色，5 瓣。始果节位 4 节，果绿色，5 棱，果实表面绒毛，果长 14.5cm，果柄长 4.5cm，果径 1.97cm，单株果数 57 个，单果鲜重 23.3g，单株产量 2 781.6g。种子近圆形、青褐色，种子千粒重 64.4g。嫩果干样中含多糖 1.02%。割茎再生能力强，对根结线虫抗性弱。

◎种质名称 13J

原产地或来源地　日本

种质类型　引进品种

特征特性　该种质资源出苗日数 4d，现蕾日数 23d，始收日数 43d，全生育期 149d。株高 100cm，植株直立，无分枝，无腋芽，茎深绿色，茎粗 2.19cm，节间长 4.82cm。叶掌状浅裂、绿色、齿状，叶柄绿色。花黄色，5 瓣。始果节位 5 节，果深绿色，5 棱，果实表面少量刚毛，果长 13.3cm，果柄长 4.0cm，果径 2.25cm，单株果数 20 个，单果鲜重 24.4g，单株产量 475.8g。种子近圆形、青褐色，种子千粒重 57.8g。嫩果干样中含多糖 1.71%。割茎再生能力强，对根结线虫抗性弱。

◎种质名称 莆田秋葵-2

原产地或来源地　福建省莆田市涵江江口

种质类型　地方品种

特征特性　该种质资源出苗日数4d，现蕾日数23d，始收日数48d，全生育期199d。株高190cm，植株直立，分枝多，有腋芽，茎浅绿色，茎粗3.96cm，节间长5.08cm。叶掌状深裂、绿色、齿状，叶柄红色。花淡黄色，5瓣。始果节位10节，果黄绿色，7棱，果实表面绒毛，果长34.5cm，果柄长9.5cm，果径2.72cm，单株果数50个，单果鲜重77.9g，单株产量3 895.0g。种子近圆形、褐色，种子千粒重53.6g。嫩果干样中含多糖1.61%。割茎再生能力中等，对根结线虫抗性弱。

◎种质名称 FJQK-1

原产地或来源地　浙江省萧山市

种质类型　地方品种

特征特性　该种质资源出苗日数4d，现蕾日数23d，始收日数51d，全生育期189d。株高118cm，植株直立，分枝少，无腋芽，茎深绿色，茎粗2.81cm，节间长2.28cm。叶掌状深裂、深绿色、齿状，叶柄绿色。花黄色，5瓣。始果节位6节，果深绿色，5棱，果实表面少量刚毛，果长9.4cm，果柄长4.0cm，果径1.99cm，单株果数20个，单果鲜重18.8g，单株产量376.0g。种子近圆形、黄褐色，种子千粒重53.7g。嫩果干样中含多糖1.69%。割茎再生能力强，对根结线虫抗性弱。

◎种质名称 FJQK -2

原产地或来源地 上海东华大学

种质类型 引进品种

特征特性 该种质资源出苗日数 4d，现蕾日数 23d，始收日数 48d，全生育期 140d。株高 86cm，植株直立，无分枝，无腋芽，茎微红色，茎粗 2.29cm，节间长 3.46cm。叶掌状浅裂、深绿色、齿状，叶柄红色。花黄色，5 瓣。始果节位 6 节，果深绿色，5 棱，果实表面绒毛，果长 12.0cm，果柄长 2.5cm，果径 2.03cm，单株果数 25 个，单果鲜重 17.9g，单株产量 447.5g。种子近圆形、黄褐色，种子千粒重 51.0g。嫩果干样中含多糖 2.09％。割茎再生能力强，对根结线虫抗性弱。

◎种质名称 FJQK-3

原产地或来源地　福建省三明市

种质类型　野生品种

特征特性　该种质资源出苗日数 4d，现蕾日数 23d，始收日数 44d，全生育期 145d。株高110cm，植株直立，无分枝，无腋芽，茎深绿色，茎粗 3.76cm，节间长 2.54cm。叶掌状浅裂、深绿色、齿状，叶柄淡红色。花黄色，5 瓣。始果节位 4 节，果深绿色，5 棱，果实表面绒毛，果长 14.8cm，果柄长 3.0cm，果径 1.97cm，单株果数 51 个，单果鲜重25.3g，单株产量 1 290.3g。种子近圆形、青褐色，种子千粒重 58.0g。嫩果干样中含多糖 1.05%。割茎再生能力强，对根结线虫抗性弱。

◎ 种质名称 FJQK -4

原产地或来源地　浙江省萧山市

种质类型　地方品种

特征特性　该种质资源出苗日数 4d，现蕾日数 23d，始收日数 43d，全生育期 168d。株高 115cm，植株直立，分枝少，无腋芽，茎深绿色，茎粗 2.27cm，节间长 3.3cm。叶掌状浅裂、深绿色、齿状，叶柄淡红色。花黄色，5 瓣。始果节位 4 节，果深绿色，5 棱，果实表面少量刚毛，果长 13.0cm，果柄长 3.0cm，果径 1.90cm，单株果数 24 个，单果鲜重 20.6g，单株产量 494.4g。种子近圆形、黄褐色，种子千粒重 55.8g。嫩果干样中含多糖 2.22%。割茎再生能力强，对根结线虫抗性弱。

◎种质名称 FJQK-5

原产地或来源地 福建省龙岩市长汀县

种质类型 野生品种

特征特性 该种质资源出苗日数4d，现蕾日数23d，始收日数44d，全生育期176d。株高120cm，植株直立，分枝少，无腋芽，茎绿色，茎粗2.67cm，节间长2.54cm。叶掌状深裂、深绿色、齿状，叶柄淡红色。花黄色，5瓣。始果节位9节，果绿色，5棱，果实表面少量刚毛，果长6.4cm，果柄长3.5cm，果径1.89cm，单株果数24个，单果鲜重9.0g，单株产量218.6g。种子近圆形、黄褐色，种子千粒重55.0g。嫩果干样中含多糖1.40%。割茎再生能力中等，对根结线虫抗性弱。

◎种质名称 FJQK-10

原产地或来源地　福建省漳州市

种质类型　品系

特征特性　该种质资源出苗日数 4d，现蕾日数 23d，始收日数 48d，全生育期 155d。株高 135cm，植株直立，分枝少，无腋芽，茎淡红色，茎粗 2.71cm，节间长 2.8cm。叶掌状深裂、绿色、齿状，叶柄红色。花黄色，5 瓣。始果节位 5 节，果绿色，5 棱，果实表面绒毛，果长 12.0cm，果柄长 2.5cm，果径 2.0cm，单株果数 37 个，单果鲜重 18.7g，单株产量 691.9g。种子近圆形、黄褐色，种子千粒重 55.4g。嫩果干样中含多糖 2.45％。割茎再生能力强，对根结线虫抗性弱。

◎种质名称 FJQK-11

原产地或来源地 福建省漳州市

种质类型 品系

特征特性 该种质资源出苗日数4d，现蕾日数23d，始收日数43d，全生育期180d。株高110cm，植株直立，无分枝，无腋芽，茎深绿色，茎粗2.97cm，节间长2.94cm。叶掌状深裂、绿色、齿状，叶柄淡红色。花黄色，5瓣。始果节位4节，果深绿色，5棱，果实表面绒毛，果长10.9cm，果柄长3.0cm，果径1.91cm，单株果数26个，单果鲜重19.2g，单株产量494.4g。种子近圆形、黄褐色，种子千粒重58.6g。嫩果干样中含多糖2.66%。割茎再生能力中等，对根结线虫抗性弱。

◎种质名称 FJQK-16

原产地或来源地　福建省漳州市

种质类型　品系

特征特性　该种质资源出苗日数 4d，现蕾日数 23d，始收日数 43d，全生育期 153d。株高
103cm，植株直立，分枝少，无腋芽，茎绿色，茎粗 2.72cm，节间长 4.82cm。叶掌状浅
裂、绿色、齿状，叶柄红色。花黄色，5 瓣。始果节位 9 节，果深绿色，5 棱，果实表面
绒毛，果长 15.0cm，果柄长 4.0cm，果径 1.96cm，单株果数 29 个，单果鲜重 25.8g，
单株产量 735.3g。种子近圆形、黄褐色，种子千粒重 53.8g。嫩果干样中含多糖 2.12％。
割茎再生能力强，对根结线虫抗性弱。

◎种质名称 FJQK-17

原产地或来源地　福建省漳州市平和县

种质类型　地方品种

特征特性　该种质资源出苗日数4d，现蕾日数23d，始收日数44d，全生育期162d。株高143cm，植株直立，分枝少，无腋芽，茎紫色，茎粗2.66cm，节间长6.2cm。叶掌状深裂、红色、齿状，叶柄红色。花淡红色，5瓣。始果节位9节，果红色，微弯，6棱，果实表面绒毛，果长14.5cm，果柄长2.0cm，果径1.62cm，单株果数40个，单果鲜重18.1g，单株产量724.0g。种子近圆形、灰褐色，种子千粒重55.2g。嫩果干样中含多糖1.36%。割茎再生能力强，对根结线虫抗性弱。

◎种质名称 FJQK-19

原产地或来源地　福建省漳州市平和县

种质类型　品系

特征特性　该种质资源出苗日数4d，现蕾日数23d，始收日数47d，全生育期163d。株高135cm，植株直立，无分枝，无腋芽，茎紫色，茎粗2.80cm，节间长4.06cm。叶掌状深裂、绿色、齿状，叶柄红色。花黄色，5瓣。始果节位6节，果微紫色，5棱，果实表面少量刚毛，果长10.7cm，果柄长3.0cm，果径2.06cm，单株果数30个，单果鲜重16.8g，单株产量504.0g。种子近圆形、黄褐色，种子千粒重55.2g。嫩果干样中含多糖2.32%。割茎再生能力强，对根结线虫抗性弱。

◎种质名称 FJQK -22

原产地或来源地　上海市崇明县

种质类型　地方品种

特征特性　该种质资源出苗日数 4d，现蕾日数 23d，始收日数 43d，全生育期 169d。株高 120cm，植株直立，分枝少，无腋芽，茎紫色，茎粗 2.55cm，节间长 9.14cm。叶掌状深裂、红色、齿状，叶柄红色。花淡红色，5 瓣。始果节位 7 节，果粉色，微弯，6 棱，果实表面绒毛，果长 16.6cm，果柄长 3.0cm，果径 1.65cm，单株果数 16 个，单果鲜重 19.8g，单株产量 316.8g。种子近圆形、青褐色，种子千粒重 64.6g。嫩果干样中含多糖 1.76％。割茎再生能力强，对根结线虫抗性弱。

◎种质名称 HNQK-1

原产地或来源地　湖南省长沙市中国农业科学院麻类研究所

种质类型　引进品种

特征特性　该种质资源出苗日数 4d，现蕾日数 23d，始收日数 43d，全生育期 177d。株高 122cm，植株直立，分枝少，有腋芽，茎绿色，茎粗 3.36cm，节间长 2.8cm。叶掌状深裂、绿色、齿状，叶柄淡红色。花黄色，5 瓣。始果节位 6 节，果深绿色，5 棱，果实表面少量刚毛，果长 8.3cm，果柄长 2.5cm，果径 2.08cm，单株果数 23 个，单果鲜重 15.4g，单株产量 346.5g。种子近圆形、灰褐色，种子千粒重 53.8g。嫩果干样中含多糖 1.37％。割茎再生能力强，对根结线虫抗性弱。

◎种质名称 HNQK-2

原产地或来源地　湖南省长沙市中国农业科学院麻类研究所

种质类型　引进品种

特征特性　该种质资源出苗日数 4d，现蕾日数 23d，始收日数 45d，全生育期 161d。株高 148cm，植株直立，分枝少，无腋芽，茎紫色，茎粗 1.67cm，节间长 7.4cm。叶掌状深裂、紫色、齿状，叶柄紫色。花淡红色，5 瓣。始果节位 6 节，果粉色，8 棱，果实表面绒毛，果长 14.5cm，果柄长 3.0cm，果径 1.74cm，单株果数 35 个，单果鲜重 19.5g，单株产量 682.5g。种子近圆形、灰褐色，种子千粒重 52.9g。嫩果干样中含多糖 1.22%。割茎再生能力强，对根结线虫抗性弱。

◎种质名称 JLQK-12

原产地或来源地　吉林省农业科学院经济植物研究所

种质类型　引进品种

特征特性　该种质资源出苗日数 4d，现蕾日数 23d，始收日数 43d，全生育期 186d。株高 132cm，植株直立，分枝多，有腋芽，茎红色，茎粗 5.49cm，节间长 7.36cm。叶掌状深裂、红色、齿状，叶柄红色。花淡红色，5 瓣。始果节位 12 节，果红色，弯曲，8 棱，果实表面少量刺瘤，果长 16.2cm，果柄长 6.0cm，果径 2.13cm，单株果数 17 个，单果鲜重 30.5g，单株产量 518.5g。种子近圆形、棕褐色，种子千粒重 56.6g。嫩果干样中含多糖 1.23%。割茎再生能力中等，对根结线虫抗性。

◎ 种质名称 JLQK-20

原产地或来源地　吉林省农业科学院经济植物研究所

种质类型　引进品种

特征特性　该种质资源出苗日数 4d，现蕾日数 23d，始收日数 45d，全生育期 178d。株高 90cm，植株直立，分枝少，无腋芽，茎红色，茎粗 1.69cm，节间长 4.8cm。叶掌状深裂、红色、齿状，叶柄红色。花淡红色，5 瓣。始果节位 6 节，果红色，6 棱，果实表面绒毛，果长 18.0cm，果柄长 4.5cm，果径 1.98cm，单株果数 25 个，单果鲜重 33.5g，单株产量 837.5g。种子近圆形、黄褐色，种子千粒重 51.2g。嫩果干样中含多糖 1.78%。割茎再生能力强，对根结线虫抗性弱。

◎种质名称 湖南黄秋葵

原产地或来源地 福建农林大学

种质类型 引进品种

特征特性 该种质资源出苗日数4d，现蕾日数23d，始收日数47d，全生育期180d。株高110cm，植株直立，无分枝，无腋芽，茎浅绿色，茎粗2.70cm，节间长3.3cm。叶掌状深裂、绿色、齿状，叶柄淡红色。花黄色，5瓣。始果节位7节，果浅绿色，5棱，果实表面绒毛，果长13.2cm，果柄长4.0cm，果径2.22cm，单株果数24个，单果鲜重22.5g，单株产量540.0g。种子近圆形、黄褐色，种子千粒重61.2g。嫩果干样中含多糖1.11％。割茎再生能力中等，对根结线虫抗性弱。

◎种质名称 秋葵绿五星

原产地或来源地　福建农林大学

种质类型　引进品种

特征特性　该种质资源出苗日数 4d，现蕾日数 23d，始收日数 58d，全生育期 188d。株高 185cm，植株直立，分枝多，有腋芽，茎绿色，茎粗 3.87cm，节间长 5.8cm。叶掌状浅裂、绿色、齿状，叶柄绿色。花淡黄色，5 瓣。始果节位 12 节，果绿色，5 棱，果实表面绒毛，果长 12.3cm，果柄长 4.5cm，果径 2.22cm，单株果数 26 个，单果鲜重 21.0g，单株产量 535.5g。种子近圆形、黄褐色，种子千粒重 62.1g。嫩果干样中含多糖 0.82％。割茎再生能力强，对根结线虫抗性弱。

◎种质名称 秋葵福五星4号

原产地或来源地 福建农林大学

种质类型 引进品种

特征特性 该种质资源出苗日数4d，现蕾日数23d，始收日数43d，全生育期141d。株高100cm，植株直立，无分枝，无腋芽，茎绿色，茎粗2.7cm，节间长3.3cm。叶掌状深裂、绿色、齿状，叶柄淡红色。花淡黄色，5瓣。始果节位5节，果绿色，S形弯，5棱，果实表面少量刚毛，果长15.5cm，果柄长5.5cm，果径1.7cm，单株果数28个，单果鲜重20.8g，单株产量582.4g。种子近圆形、黄褐色，种子千粒重61.4g。嫩果干样中含多糖1.74%。割茎再生能力强，对根结线虫抗性弱。

◎种质名称 红秋葵

原产地或来源地　福建农林大学

种质类型　引进品种

特征特性　该种质资源出苗日数 4d，现蕾日数 23d，始收日数 62d，全生育期 159d。株高 124cm，植株直立，无分枝，有腋芽，茎红色，茎粗 2.84cm，节间长 2.8cm。叶掌状深裂、绿色、齿状，叶柄红色。花淡红色，5 瓣。始果节位 11 节，果红色，7 棱，果实表面绒毛，果长 11.3cm，果柄长 5.8cm，果径 2.26cm，单株果数 17 个，单果鲜重 26.5g，单株产量 441.7g。种子近圆形、黑褐色，种子千粒重 67.4g。嫩果干样中含多糖 1.94%。割茎再生能力强，对根结线虫抗性弱。

◎种质名称 粉秋葵

原产地或来源地 福建农林大学

种质类型 引进品种

特征特性 该种质资源出苗日数4d，现蕾日数23d，始收日数42d，全生育期180d。株高225cm，植株直立，分枝少，无腋芽，茎红色，茎粗2.91cm，节间长9.14cm。叶掌状深裂、深绿色、齿状，叶柄紫色。花黄色，5瓣。始果节位4节，果粉色，6棱，果实表面少量刚毛，果长17.2cm，果柄长3.5cm，果径1.72cm，单株果数15个，单果鲜重21.8g，单株产量335.2g。种子近圆形、灰褐色，种子千粒重62.2g。嫩果干样中含多糖1.57%。割茎再生能力强，对根结线虫抗性弱。

◎种质名称 卡巴里

原产地或来源地　福建农林大学

种质类型　选育品种

特征特性　该种质资源出苗日数 4d，现蕾日数 23d，始收日数 44d，全生育期 197d。株高 100cm，植株直立，分枝少，无腋芽，茎绿色，茎粗 3.47cm，节间长 3.3cm。叶掌状全裂、深绿色、齿状，叶柄红色。花黄色，5 瓣。始果节位 4 节，果深绿色，5 棱，果实表面绒毛，果长 12.3cm，果柄长 3.3cm，果径 1.79cm，单株果数 34 个，单果鲜重 17.4g，单株产量 597.4g。种子近圆形、灰褐色，种子千粒重 54.2g。嫩果干样中含多糖 2.74%。割茎再生能力强，对根结线虫抗性弱。

◎种质名称 五福

原产地或来源地　福建农林大学

种质类型　选育品种

特征特性　该种质资源出苗日数 4d，现蕾日数 23d，始收日数 44d，全生育期 148d。株高 110cm，植株直立，分枝少，无腋芽，茎绿色，茎粗 2.89cm，节间长 3.26cm。叶掌状全裂、绿色、齿状，叶柄绿色。花淡黄色，5 瓣。始果节位 5 节，果绿色，5 棱，果实表面少量刚毛，果长 15.0cm，果柄长 3.5cm，果径 2.13cm，单株果数 58 个，单果鲜重 24.2g，单株产量 1 403.6g。种子近圆形、黄褐色，种子千粒重 58.6g。嫩果干样中含多糖 2.40%。割茎再生能力强，对根结线虫抗性弱。

◎种质名称 泉州秋葵

原产地或来源地 福建省泉州市香格里拉农庄

种质类型 地方品种

特征特性 该种质资源出苗日数 4d，现蕾日数 35d，始收日数 62d，全生育期 194d。株高 127cm，植株直立，分枝多，有腋芽，茎绿色，茎粗 3.73cm，节间长 4.32cm。叶掌状浅裂、绿色、齿状，叶柄绿色。花淡黄色，5 瓣。始果节位 25 节，果浅绿色，末端弯，7 棱，果实表面少量刺瘤，果长 17.5cm，果柄长 6.0cm，果径 2.41cm，单株果数 28 个，单果鲜重 43.9g，单株产量 1 229.2g。种子近圆形、青褐色，种子千粒重 61.4g。嫩果干样中含多糖 0.88%。割茎再生能力强，对根结线虫抗性弱。

◎种质名称 NC -1

原产地或来源地　江西省农业科学院蔬菜研究所

种质类型　引进品种

特征特性　该种质资源出苗日数 4d，现蕾日数 23d，始收日数 42d，全生育期 170d。株高 115cm，植株直立，分枝多，无腋芽，茎红色，茎粗 2.25cm，节间长 4.2cm。叶掌状深裂、红色、齿状，叶柄红色。花淡红色，5 瓣。始果节位 9 节，果红色，微弯，7 棱，果实表面绒毛，果长 14.5cm，果柄长 5cm，果径 1.8cm，单株果数 26 个，单果鲜重 19.4g，单株产量 504.4g。种子近圆形、黄褐色，种子千粒重 56.9g。嫩果干样中含多糖 3.14％。割茎再生能力强，对根结线虫抗性弱。

◎种质名称 NC-2

原产地或来源地 江西省农业科学院蔬菜研究所

种质类型 引进品种

特征特性 该种质资源出苗日数 4d，现蕾日数 23d，始收日数 46d，全生育期 145d。株高 105cm，植株直立，分枝少，无腋芽，茎红色，茎粗 2.35cm，节间长 4.82cm。叶掌状浅裂、红色、齿状，叶柄红色。花淡红色，5 瓣。始果节位 4 节，果红色，微弯，6 棱，果实表面多刺瘤，果长 15.5cm，果柄长 4.5cm，果径 1.98cm，单株果数 19 个，单果鲜重 22.5g，单株产量 416.3g。种子近圆形、灰褐色，种子千粒重 60.6g。嫩果干样中含多糖 1.43%。割茎再生能力中等，对根结线虫抗性弱。

////////////////////////////

◎种质名称 YC -1

原产地或来源地　江西省宜春市农业科学研究所

种质类型　引进品种

特征特性　该种质资源出苗日数 4d，现蕾日数 23d，始收日数 45d，全生育期 184d。株高 148cm，植株直立，分枝多，无腋芽，茎浅绿色，茎粗 3.53cm，节间长 5.08cm。叶掌状浅裂、绿色、齿状，叶柄淡红色。花淡黄色，5 瓣。始果节位 6 节，果黄绿色，微弯，7 棱，果实表面少量刚毛，果长 12.4cm，果柄长 3.5cm，果径 1.89cm，单株果数 37 个，单果鲜重 20.2g，单株产量 747.4g。种子近圆形、灰褐色，种子千粒重 73.8g。嫩果干样中含多糖 1.77%。割茎再生能力强，对根结线虫抗性弱。

◎种质名称 DG-1

原产地或来源地　广东省东莞市香蕉蔬菜研究所

种质类型　引进品种

特征特性　该种质资源出苗日数4d，现蕾日数23d，始收日数44d，全生育期183d。株高114cm，植株直立，分枝少，无腋芽，茎绿色，茎粗3.06cm，节间长2.54cm。叶掌状深裂、绿色、齿状，叶柄淡红色。花黄色，5瓣。始果节位4节，果绿色，5棱，果实表面绒毛，果长14.0cm，果柄长2.5cm，果径2.10cm，单株果数10个，单果鲜重23.6g，单株产量236.0g。种子近圆形、褐色，种子千粒重58.8g。嫩果干样中含多糖2.83%。割茎再生能力强，对根结线虫抗性弱。

◎种质名称 DG-2

原产地或来源地　广东省东莞市香蕉蔬菜研究所

种质类型　引进品种

特征特性　该种质资源出苗日数 4d，现蕾日数 23d，始收日数 43d，全生育期 153d。株高 100cm，植株直立，无分枝，有腋芽，茎绿色，茎粗 2.08cm，节间长 5.2cm。叶掌状深裂、绿色、齿状，叶柄绿色。花淡黄色，5 瓣。始果节位 5 节，果绿色，5 棱，果实表面少量刚毛，果长 9.6cm，果柄长 2.8cm，果径 1.49cm，单株果数 35 个，单果鲜重 11.8g，单株产量 413.0g。种子近圆形、青褐色，种子千粒重 48.2g。嫩果干样中含多糖 2.31%。割茎再生能力强，对根结线虫抗性弱。

◎**种质名称 HN-5**

原产地或来源地　中国热带农业科学院品质资源研究所

种质类型　引进品种

特征特性　该种质资源出苗日数 4d，现蕾日数 23d，始收日数 44d，全生育期 202d。株高 125cm，植株直立，分枝少，无腋芽，茎绿色，茎粗 3.65cm，节间长 3.04cm。叶掌状全裂、绿色、齿状，叶柄淡红色。花黄色，5 瓣。始果节位 5 节，果浅绿色，5 棱，果实表面少量刚毛，果长 15.8cm，果柄长 4.5cm，果径 2.07cm，单株果数 14 个，单果鲜重 22.2g，单株产量 310.8g。种子近圆形、黄褐色，种子千粒重 64.1g。嫩果干样中含多糖 2.32%。割茎再生能力强，对根结线虫抗性弱。

◎种质名称 HN-6

原产地或来源地 中国热带农业科学院品质资源研究所

种质类型 引进品种

特征特性 该种质资源出苗日数4d，现蕾日数23d，始收日数43d，全生育期179d。株高95cm，植株直立，分枝少，无腋芽，茎绿色，茎粗3.27cm，节间长2.04cm。叶掌状深裂、绿色、齿状，叶柄淡红色。花黄色，5瓣。始果节位6节，果深绿色，5棱，果实表面绒毛，果长10.0cm，果柄长5.0cm，果径1.75cm，单株果数14个，单果鲜重14.3g，单株产量193.1g。种子近圆形、灰褐色，种子千粒重56.8g。嫩果干样中含多糖2.59%。割茎再生能力强，对根结线虫抗性弱。

◎种质名称 HN-11

原产地或来源地　中国热带农业科学院品质资源研究所

种质类型　引进品种

特征特性　该种质资源出苗日数 4d，现蕾日数 23d，始收日数 43d，全生育期 197d。株高 120cm，植株直立，分枝少，无腋芽，茎绿色，茎粗 3.96cm，节间长 2.04cm。叶掌状深裂、绿色、齿状，叶柄淡红色。花黄色，5 瓣。始果节位 4 节，果浅绿色，S 形，5 棱，果实表面少量刚毛，果长 15.5cm，果柄长 4.0cm，果径 1.98cm，单株果数 61 个，单果鲜重 24.7g，单株产量 1 506.7g。种子近圆形、黄褐色，种子千粒重 64.4g。嫩果干样中含多糖 2.00%。割茎再生能力强，对根结线虫抗性弱。

◎种质名称 JSQK-1

原产地或来源地 江苏省盐城市

种质类型 地方品种

特征特性 该种质资源出苗日数 4d，现蕾日数 23d，始收日数 49d，全生育期 162d。株高 110cm，植株直立，分枝少，有腋芽，茎红色，茎粗 3.22cm，节间长 4.36cm。叶掌状浅裂、红色、齿状，叶柄红色。花淡红色，5 瓣。始果节位 9 节，果粉色，7 棱，果实表面绒毛，果长 14.2cm，果柄长 5.5cm，果径 1.93cm，单株果数 31 个，单果鲜重 21.3g，单株产量 649.7g。种子近圆形、棕黄色，种子千粒重 56.4g。嫩果干样中含多糖 2.72%。割茎再生能力中等，对根结线虫抗性弱。

◎种质名称 JSQK-2

原产地或来源地 江苏省盐城市

种质类型 地方品种

特征特性 该种质资源出苗日数4d，现蕾日数23d，始收日数49d，全生育期179d。株高160cm，植株直立，分枝少，有腋芽，茎绿色，茎粗3.98cm，节间长4.32cm。叶掌状全裂、绿色、齿状，叶柄淡红色。花黄色，5瓣。始果节位12节，果绿色，微弯，7棱，果实表面绒毛，果长9.5cm，果柄长4.5cm，果径1.89cm，单株果数35个，单果鲜重14.5g，单株产量512.3g。种子近圆形、黑褐色，种子千粒重56.6g。嫩果干样中含多糖2.49%。割茎再生能力强，对根结线虫抗性弱。

◎种质名称 JSQK -3

原产地或来源地　江苏省盐城市

种质类型　地方品种

特征特性　该种质资源出苗日数 4d，现蕾日数 23d，始收日数 44d，全生育期 166d。株高105cm，植株直立，分枝少，有腋芽，茎绿色，茎粗 2.83cm，节间长 5.6cm。叶掌状浅裂、绿色、齿状，叶柄红色。花淡黄色，5 瓣。始果节位 12 节，果黄绿色，微弯，8 棱，果实表面绒毛，果长 12.4cm，果柄长 2.5cm，果径 2.89cm，单株果数 13 个，单果鲜重35.6g，单株产量 462.8g。种子近圆形、黄褐色，种子千粒重 59.6g。嫩果干样中含多糖2.37%。割茎再生能力强，对根结线虫抗性弱。

◎种质名称 短小黄秋葵

原产地或来源地　福建省福州市连江县

种质类型　地方品种

特征特性　该种质资源出苗日数 4d，现蕾日数 23d，始收日数 48d，全生育期 155d。株高 115cm，植株直立，分枝少，有腋芽，茎绿色，茎粗 2.76cm，节间长 3.2cm。叶掌状浅裂、绿色、齿状，叶柄绿色。花淡黄色，5 瓣。始果节位 4 节，果深绿色，微弯，5 棱，果实表面绒毛，果长 13.0cm，果柄长 4.2cm，果径 1.94cm，单株果数 17 个，单果鲜重 20.1g，单株产量 341.7g。种子近圆形、青褐色，种子千粒重 49.4g。嫩果干样中含多糖 2.72%。割茎再生能力强，对根结线虫抗性弱。

◎种质名称 江西秋葵

原产地或来源地　江苏省昆山市

种质类型　地方品种

特征特性　该种质资源出苗日数 4d，现蕾日数 23d，始收日数 49d，全生育期 178d。株高 140cm，植株直立，无分枝，有腋芽，茎绿色，茎粗 4.06cm，节间长 2.54cm。叶掌状深裂、绿色、齿状，叶柄红色。花黄色，5 瓣。始果节位 9 节，果深绿色，微弯，5 棱，果实表面绒毛，果长 11.7cm，果柄长 2.5cm，果径 1.98cm，单株果数 32 个，单果鲜重 17.7g，单株产量 563.5g。种子近圆形、灰褐色，表面有大量绒毛，种子千粒重 61.4g。嫩果干样中含多糖 2.16%。割茎再生能力中等，对根结线虫抗性弱。

◎种质名称　纤指秋葵

原产地或来源地　江苏省昆山市

种质类型　选育品种

特征特性　该种质资源出苗日数 4d，现蕾日数 35d，始收日数 59d，全生育期 195d。株高 145cm，植株直立，分枝多，有腋芽，茎绿色，茎粗 3.85cm，节间长 3.3cm。叶掌状深裂、绿色、齿状，叶柄浅绿色。花黄色，5 瓣。始果节位 4 节，果浅绿色，5 棱圆果，果实成熟时开裂，果实表面绒毛，果长 16.2cm，果柄长 7.0cm，果径 2.03cm，单株果数 31 个，单果鲜重 28.8g，单株产量 897.6g。种子近圆形、褐色，种子千粒重 59.0g。嫩果干样中含多糖 2.70%。对根结线虫抗性弱。

◎种质名称 日本秋葵

原产地或来源地 江苏省昆山市

种质类型 引进品种

特征特性 该种质资源出苗日数 4d，现蕾日数 23d，始收日数 59d，全生育期 179d。株高 116cm，植株直立，无分枝，有腋芽，茎红色，茎粗 2.15cm，节间长 4.06cm。叶掌状深裂、绿色、齿状，叶柄红色。花淡红色，5 瓣。始果节位 8 节，果红色，5 棱，果实表面绒毛，果长 14.0cm，果柄长 3.0cm，果径 1.95cm，单株果数 18 个，单果鲜重 22.0g，单株产量 394.0g。种子近圆形、灰褐色，种子千粒重 53.6g。嫩果干样中含多糖 1.52%。割茎再生能力中等，对根结线虫抗性弱。

◎种质名称 Z2

原产地或来源地　福建省漳州市龙海市东园

种质类型　地方品种

特征特性　该种质资源出苗日数 4d，现蕾日数 23d，始收日数 47d，全生育期 146d。株高 85cm，植株直立，分枝少，无腋芽，茎绿色，茎粗 2.38cm，节间长 3.3cm。叶掌状深裂、绿色、齿状，叶柄绿色。花黄色，5 瓣。始果节位 7 节，果绿色，5 棱，果实表面绒毛，果长 14.6cm，果柄长 3.7cm，果径 1.97cm，单株果数 22 个，单果鲜重 19.4g，单株产量 417.1g。种子近圆形、黄褐色，种子千粒重 60.0g。嫩果干样中含多糖 2.28%。割茎再生能力强，对根结线虫抗性弱。

◎种质名称 美人指

原产地或来源地 北京凤鸣雅世科技发展有限公司

种质类型 选育品种

特征特性 该种质资源出苗日数 4d，现蕾日数 23d，始收日数 45d，全生育期 178d。株高 98cm，植株直立，分枝少，有腋芽，茎红色，茎粗 1.89cm，节间长 5.1cm。叶掌状深裂、红色、齿状，叶柄红色。花淡红色，5 瓣。始果节位 10 节，果红色，6 棱，果实表面绒毛，果长 14.5cm，果柄长 6.0cm，果径 1.97cm，单株果数 42 个，单果鲜重 23.5g，单株产量 987.0g。种子近圆形、黑褐色，种子千粒重 51.5g。嫩果干样中含多糖 1.51％。割茎再生能力强，对根结线虫抗性弱。

◎种质名称 绿美人

原产地或来源地 北京凤鸣雅世科技发展有限公司

种质类型 选育品种

特征特性 该种质资源出苗日数4d，现蕾日数23d，始收日数45d，全生育期194d。株高94cm，植株直立，分枝多，有腋芽，茎绿色，茎粗2.39cm，节间长2.8cm。叶掌状深裂、绿色、齿状，叶柄淡红色。花黄色，5瓣。始果节位10节，果绿色，5棱，果实表面少量刚毛，果长19.5cm，果柄长4.3cm，果径2.16cm，单株果数43个，单果鲜重35.9g，单株产量1 543.7g。种子近圆形、黄褐色，种子千粒重53.6g。嫩果干样中含多糖1.73％。割茎再生能力强，对根结线虫抗性弱。

◎种质名称 长秋葵

原产地或来源地　福建省南平市建瓯县吉阳镇

种质类型　地方品种

特征特性　该种质资源出苗日数 4d，现蕾日数 23d，始收日数 47d，全生育期 210d。株高 200cm，植株直立，分枝少，有腋芽，茎绿色，茎粗 3.52cm，节间长 4.6cm。叶掌状全裂、绿色、齿状，叶柄红色。花淡黄色，5 瓣。始果节位 11 节，果浅绿色，8 棱，果实表面绒毛，果长 22.2cm，果柄长 8.0cm，果径 1.76cm，单株果数 63 个，单果鲜重 32.5g，单株产量 2 036.7g。种子近圆形、青褐色，种子千粒重 60.6g。嫩果干样中含多糖 2.67%。割茎再生能力强，对根结线虫抗性中等。

◎种质名称 瑞多星

原产地或来源地 印度

种质类型 选育品种

特征特性 该种质资源出苗日数 4d，现蕾日数 23d，始收日数 43d，全生育期 142d。株高 175cm，植株直立，分枝少，无腋芽，茎绿色，茎粗 2.06cm，节间长 6.86cm。叶掌状全裂、深绿色、齿状，叶柄淡红色。花黄色，5 瓣。始果节位 4 节，果深绿色，5 棱，果实表面绒毛，果长 17.0cm，果柄长 2.4cm，果径 1.90cm，单株果数 30 个，单果鲜重 20.3g，单株产量 609.0g。种子近圆形、黄褐色，表面有绒毛，种子千粒重 65.6g。嫩果干样中含多糖 2.23%。割茎再生能力强，对根结线虫抗性弱。

◎种质名称 瑞多绿

原产地或来源地　印度

种质类型　选育品种

特征特性　该种质资源出苗日数4d，现蕾日数23d，始收日数46d，全生育期146d。株高205cm，植株直立，分枝少，无腋芽，茎绿色，茎粗1.95cm，节间长8.1cm。叶掌状全裂、深绿色、齿状，叶柄绿色。花黄色，5瓣。始果节位5节，果深绿色，5棱，果实表面绒毛，果长17.5cm，果柄长3.0cm，果径1.71cm，单株果数35个，单果鲜重23.4g，单株产量821.9g。种子近圆形、黄褐色，表面有绒毛，种子千粒重62.6g。嫩果干样中含多糖2.20%。割茎再生能力强，对根结线虫抗性弱。

◎种质名称 瑞多望

原产地或来源地 印度

种质类型 选育品种

特征特性 该种质资源出苗日数4d，现蕾日数23d，始收日数44d，全生育期169d。株高202cm，植株直立，分枝少，无腋芽，茎绿色，茎粗2.76cm，节间长6.36cm。叶掌状全裂、深绿色、齿状，叶柄淡红色。花黄色，5瓣。始果节位5节，果深绿色，5棱，果实表面绒毛，果长17.0cm，果柄长2.6cm，果径1.87cm，单株果数28个，单果鲜重20.3g，单株产量568.4g。种子近圆形、黄褐色，表面有绒毛，种子千粒重61.0g。嫩果干样中含多糖2.07%。割茎再生能力强，对根结线虫抗性中等。

◎种质名称 QY-RP-1

原产地或来源地　福建农林大学

种质类型　引进品种

特征特性　该种质资源出苗日数4d，现蕾日数23d，始收日数45d，全生育期188d。株高128cm，植株直立，分枝少，有腋芽，茎绿色，茎粗3.07cm，节间长2.94cm。叶掌状深裂、绿色、齿状，叶柄绿色。花淡黄色，5瓣。始果节位7节，果绿色，5棱，果实表面绒毛，果长16.0cm，果柄长3.2cm，果径2.00cm，单株果数32个，单果鲜重24.7g，单株产量798.6g。种子近圆形、褐色，种子千粒重61.2g。嫩果干样中含多糖1.57%。割茎再生能力强，对根结线虫抗性弱。

◎种质名称 QK-RP-1

原产地或来源地 福建农林大学

种质类型 引进品种

特征特性 该种质资源出苗日数 4d，现蕾日数 23d，始收日数 51d，全生育期 150d。株高 110cm，植株直立，分枝多，无腋芽，茎绿色，茎粗 2.96cm，节间长 3.04cm。叶掌状深裂、绿色、齿状，叶柄绿色。花淡黄色，5 瓣。始果节位 6 节，果绿色，5 棱，果实表面绒毛，果长 14.0cm，果柄长 3.5cm，果径 1.85cm，单株果数 17 个，单果鲜重 23.1g，单株产量 392.7g。种子近圆形、灰褐色，种子千粒重 63.2g。嫩果干样中含多糖 1.56%。割茎再生能力强，对根结线虫抗性弱。

◎种质名称 还珠

原产地或来源地　福建农林大学

种质类型　选育品种

特征特性　该种质资源出苗日数 4d，现蕾日数 23d，始收日数 50d，全生育期 174d。株高 110cm，植株直立，分枝少，无腋芽，茎绿色，茎粗 3.35cm，节间长 2.54cm。叶掌状深裂、绿色、齿状，叶柄淡红色。花淡黄色，5 瓣。始果节位 5 节，果绿色，5 棱，果实表面少量刚毛，果长 16.5cm，果柄长 3.5cm，果径 2.28cm，单株果数 22 个，单果鲜重 32.3g，单株产量 700.9g。种子近圆形、黄褐色，种子千粒重 62.0g。嫩果干样中含多糖 1.67%。割茎再生能力强，对根结线虫抗性弱。

◎种质名称 Gombn

原产地或来源地　福建农林大学

种质类型　引进品种

特征特性　该种质资源出苗日数 4d，现蕾日数 23d，始收日数 45d，全生育期 172d。株高 245cm，植株直立，分枝少，无腋芽，茎微红色，茎粗 2.84cm，节间长 6.6cm。叶掌状全裂、绿色、齿状，叶柄淡红色。花黄色，5 瓣。始果节位 5 节，果深绿色，5 棱，果实表面绒毛，果长 17.0cm，果柄长 4.0cm，果径 1.91cm，单株果数 50 个，单果鲜重 24.4g，单株产量 1 220.0g。种子近圆形、黄褐色，表面有绒毛，种子千粒重 50.0g。嫩果干样中含多糖 1.25％。割茎再生能力强，对根结线虫抗性弱。

◎ **种质名称 WF -1**

原产地或来源地 福建农林大学

种质类型 引进品种

特征特性 该种质资源出苗日数 4d，现蕾日数 51d，始收日数 67d，全生育期 180d。株高
217cm，植株直立，无分枝，有腋芽，茎绿色，茎粗 4.02cm，节间长 5.6cm。叶掌状浅
裂、绿色、齿状，叶柄淡红色。花黄色，5 瓣。始果节位 20 节，果绿色，5 棱，果实表面
绒毛，果长 13.3cm，果柄长 5.5cm，果径 2.67cm，单株果数 20 个，单果鲜重 27.5g，
单株产量 539.0g。种子近圆形、灰褐色，种子千粒重 63.8g。嫩果干样中含多糖 3.74%。
割茎再生能力强，对根结线虫抗性弱。

◎种质名称 QYQK-2

原产地或来源地　福建农林大学

种质类型　引进品种

特征特性　该种质资源出苗日数 4d，现蕾日数 23d，始收日数 62d，全生育期 195d。株高 130cm，植株直立，分枝少，无腋芽，茎绿色，茎粗 3.69cm，节间长 3.66cm。叶掌状深裂、绿色、齿状，叶柄淡红色。花黄色，5 瓣。始果节位 8 节，果绿色，5 棱，果实表面绒毛，果长 15.5cm，果柄长 4.5cm，果径 1.91cm，单株果数 33 个，单果鲜重 26.3g，单株产量 861.3g。种子近圆形、褐色，种子千粒重 67.0g。嫩果干样中含多糖 3.30%。割茎再生能力强，对根结线虫抗性弱。

◎种质名称 BENDIYA

原产地或来源地　福建农林大学

种质类型　引进品种

特征特性　该种质资源出苗日数 4d，现蕾日数 23d，始收日数 45d，全生育期 181d。株高 210cm，植株直立，分枝少，无腋芽，茎微红色，茎粗 3.22cm，节间长 6.84cm。叶掌状全裂、绿色、齿状，叶柄淡红色。花黄色，5 瓣。始果节位 5 节，果深绿色，5 棱，果实表面少量刚毛和刺瘤，果长 15.5cm，果柄长 4.0cm，果径 2.19cm，单株果数 60 个，单果鲜重 27.2g，单株产量 1 632.0g。种子近圆形、黄褐色，种子千粒重 49.0g。嫩果干样中含多糖 2.46%。割茎再生能力强，对根结线虫抗性弱。

◎种质名称 13QYFN-3号

原产地或来源地 福建农林大学

种质类型 引进品种

特征特性 该种质资源出苗日数4d，现蕾日数20d，始收日数46d，全生育期178d。株高140cm，植株直立，分枝少，有腋芽，茎紫色，茎粗3.53cm，节间长5.6cm。叶掌状浅裂、红色、齿状，叶柄紫色。花淡红色，5瓣。始果节位10节，果紫色，6棱，果实表面绒毛，果长15.1cm，果柄长7.5cm，果径2.29cm，单株果数43个，单果鲜重32.1g，单株产量1 388.3g。种子近圆形、灰褐色，种子千粒重60.6g。嫩果干样中含多糖1.60%。割茎再生能力中等，对根结线虫抗性弱。

◎种质名称 13QYFN -2 号

原产地或来源地 　福建农林大学

种质类型 　引进品种

特征特性 　该种质资源出苗日数 4d，现蕾日数 23d，始收日数 48d，全生育期 152d。株高 180cm，植株直立，分枝少，无腋芽，茎微红色，茎粗 2.79cm，节间长 6.7cm。叶掌状浅裂、绿色、齿状，叶柄淡红色。花淡黄色，5 瓣。始果节位 6 节，果深绿色，5 棱，果实表面少量刚毛，果长 16.0cm，果柄长 2.5cm，果径 1.89cm，单株果数 16 个，单果鲜重 21.5g，单株产量 346.7g。种子近圆形、黄褐色，表面有绒毛，种子千粒重 64.0g。嫩果干样中含多糖 1.74%。割茎再生能力强，对根结线虫抗性弱。

◎种质名称 QK-RP-2

原产地或来源地　福建农林大学

种质类型　引进品种

特征特性　该种质资源出苗日数4d，现蕾日数23d，始收日数47d，全生育期135d。株高150cm，植株直立，无分枝，无腋芽，茎微红色，茎粗3.11cm，节间长5.58cm。叶掌状浅裂、绿色、齿状，叶柄淡红色。花黄色，5瓣。始果节位4节，果黄绿色，7棱，果实表面少量刚毛，果长11.2cm，果柄长3.0cm，果径2.58cm，单株果数26个，单果鲜重25.4g，单株产量647.7g。种子近圆形、灰褐色，种子千粒重55.8g。嫩果干样中含多糖1.28%。割茎再生能力强，对根结线虫抗性弱。

◎种质名称 闽秋葵3号

原产地或来源地 福建省漳州市

种质类型 选育品种

特征特性 该种质资源出苗日数4d，现蕾日数23d，始收日数45d，全生育期180d。株高140cm，植株直立，分枝少，无腋芽，茎深绿色，茎粗3.59cm，节间长3.3cm。叶掌状深裂、深绿色、齿状，叶柄淡红色。花淡黄色，5瓣。始果节位4节，果深绿色，5棱，果实表面绒毛，果长15.0cm，果柄长3.0cm，果径2.17cm，单株果数50个，单果鲜重24.9g，单株产量1 245.0g。种子近圆形、灰褐色，种子千粒重55.7g。嫩果干样中含多糖1.58%。割茎再生能力强，对根结线虫抗性弱。